未来工程师

人类"第二个"大脑

田力 编著

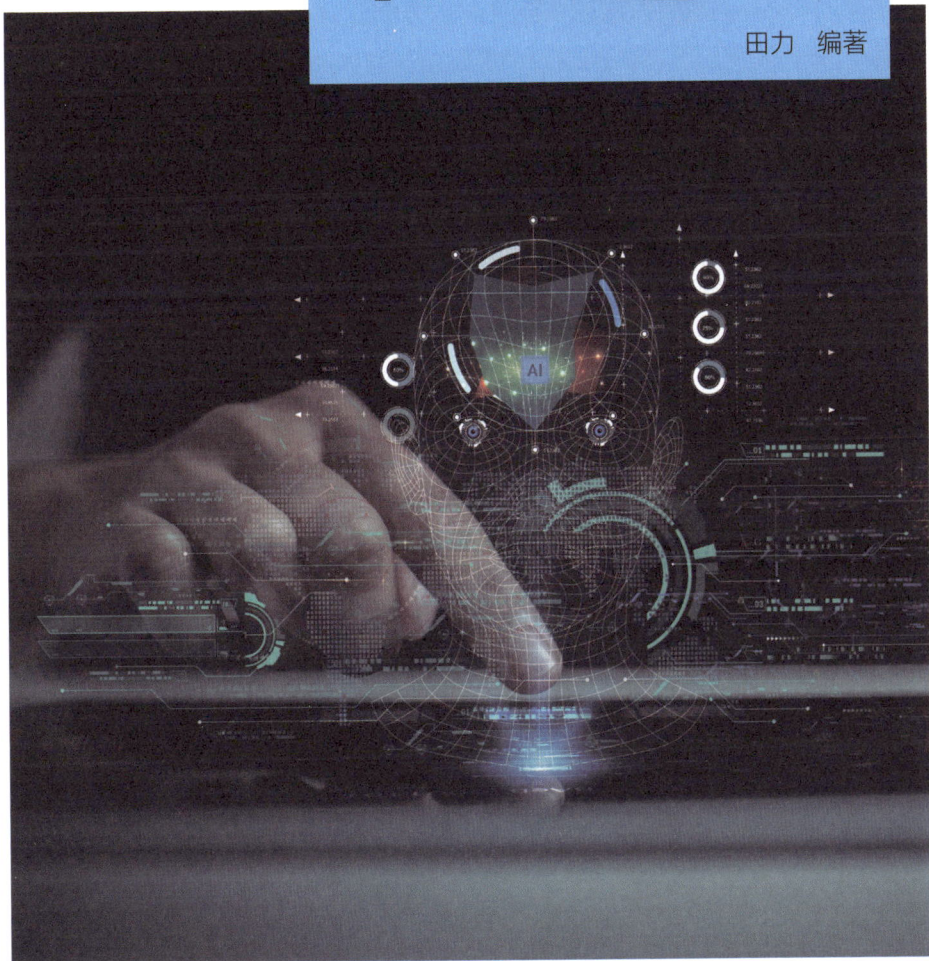

北方妇女儿童出版社

·长春·

图书在版编目（ＣＩＰ）数据

人类"第二个"大脑 / 田力编著 . -- 长春：北方
妇女儿童出版社，2025.7 -- (未来工程师). -- ISBN
978-7-5585-9288-1

Ⅰ. TP18-49

中国国家版本馆 CIP 数据核字 第 2025N96Z59 号

人类"第二个"大脑

RENLEI "DIERGE" DANAO

出 版 人	师晓晖
策 划 人	陶　然
责任编辑	曲长军
开　　本	889mm×1194mm　1/16
印　　张	4
字　　数	50 千字
版　　次	2025 年 7 月第 1 版
印　　次	2025 年 7 月第 1 次印刷
印　　刷	长春新华印刷集团有限公司
出　　版	北方妇女儿童出版社
发　　行	北方妇女儿童出版社
地　　址	长春市福祉大路 5788 号
电　　话	总编办：0431-81629600
	发行科：0431-81629633
定　　价	21.80 元

　　所谓智能，可以简单地理解为知识与智力的总和。知识是智力的基础，智力是获取知识、运用知识等来解决问题的能力。人类是地球上的智能生命，其大脑就是一个通用的智能系统，不仅可以处理眼、耳、鼻、舌等感官接收到的信息，具有判断、推理、学习、思考、规划、设计等能力，更重要的是可以举一反三、融会贯通。人工智能则指的是由人制造出来的机器所表现出来的智能，由此也衍生出了一门以研究开发能够模拟、延伸和扩展人类智能为主，集理论、方法、技术与应用系统为一体的新学科——人工智能，这门学科的研究目的是促使智能机器会听、会看、会说、会思考、会学习、会行动。

　　对人类来说，结构复杂且具有极强可塑性的人脑是其智能存在的物质基础。人类大脑的演化可以说是智能生命演化的缩影，这是一个相当漫长的过程。而人工智能的发展至今只有短短几十年，虽然这一技术在各个方面已经取得了史无前例的进展，人工智能也日益深入我们的日常生活，但是与真正的人类智能相比，当今的人工智能尚是人类智能的一种工具，为人类所用。不过随着人工智能技术的快速发展，人们对人工智能未来的发展产生了担忧：人工智能未来会不会取代人类，主导世界？未来，这样的结果也许会出现，但这并不是唯一的结果，因为将来是什么样取决于今天的我们所做的抉择。

目 录

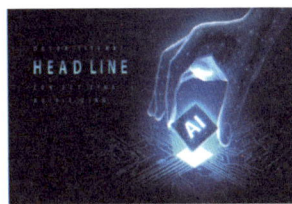

1

人工智能学科诞生

　　1956 年夏，麦卡锡、明斯基等科学家在美国达特茅斯学院会聚一堂，举行了一场主题为"如何用机器模拟人的智能"的研讨会。在此次研讨会上，"人工智能（Artificial Intelligence，AI）"的概念第一次被正式提出来，这标志着人工智能学科的诞生。

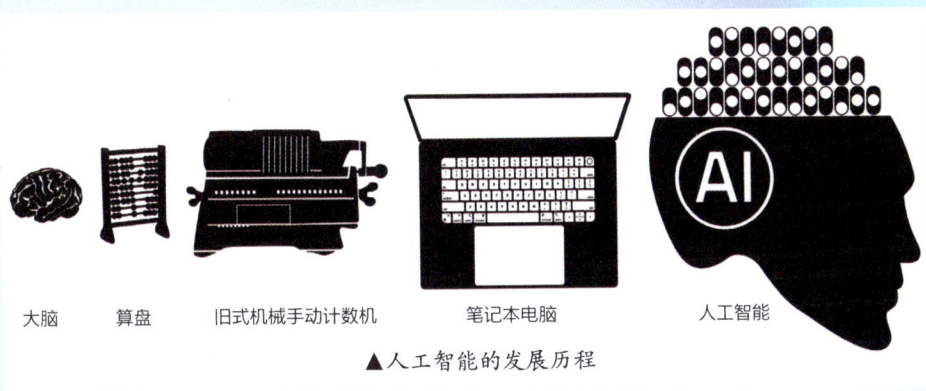

| 大脑 | 算盘 | 旧式机械手动计数机 | 笔记本电脑 | 人工智能 |

▲人工智能的发展历程

机器能思考吗

　　20 世纪 40 年代到 50 年代，艾伦·麦席森·图灵发表了题为"机器能思考吗"的论文，并提出了著名的"图灵测试"：如果一台机器能够与人类展开对话（通过电传设备）而不能被辨别出其机器身份，那么称这台机器具有智能。

◀艾伦·麦席森·图灵

让机器像人一样"聪明"

　　人工智能是一门致力于创造能模拟、扩展甚至超越人类智能的机器和软件系统的学科，同时它也是一类能使机器展现出与人类类似的智能行为的技术，可以通过机器学习、深度学习等技术，使计算机能够执行如识别模式、解决复杂问题、理解语言和做出决策等任务。

惊人的事实

　　查尔斯·巴贝奇在 19 世纪设计了世界上第一台自动计算机——差分机。尽管它未完全建成，但它的设计原理直接影响了现代计算机的发展。

人工智能的研究方向之一

人工智能就是用机器来模拟人类的智能吗？科学家们认为，这个想法很美好，但要实现起来非常困难。事实上直到现在，科学家们对人类自己的大脑和人的智能都了解得很少，更不用说用机器来模拟人的智能。不过，虽然这个设想很难实现，但依然有科学家将其作为人工智能的研究方向之一。

复杂的人脑

人脑是人类认知、思维、意识、语言等各种脑功能原理的物质基础，它是一个非常复杂的生物系统，拥有上千亿个神经细胞（神经元）；神经元之间由复杂的神经纤维连接，并通过百万亿个连接点（突触），形成神经网络和主导各种脑功能的神经环路。

▲人类的大脑和脑神经细胞

感知机

1943 年，一位心理学家和一位数学家在他们合作完成的论文中提出并给出了人工神经网络的概念及神经网络数学模型，从而开创了人工神经网络研究的时代。后来，美国一位神经学家提出了打造可以模拟人类感知能力的机器（感知机）的设想，并发明了建立在感知机基础上的神经计算机。

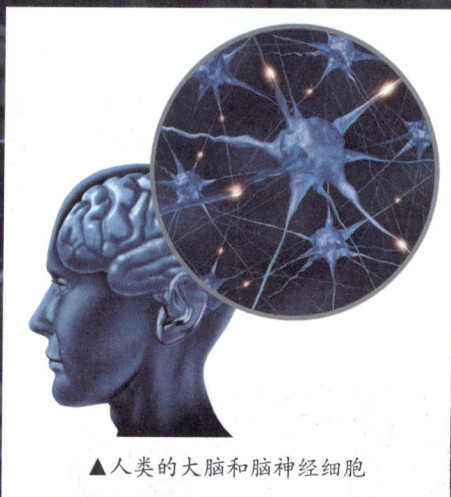

◀神经网络数学模型是由美国数学家沃尔特·皮茨和美国心理学家沃伦·麦卡洛克提出的，图为沃尔特·皮茨

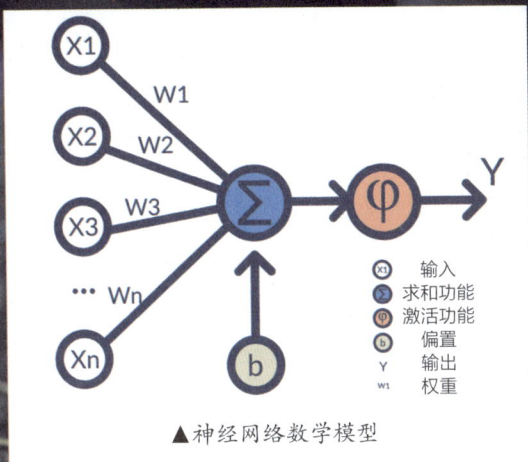

▲神经网络数学模型

X1 输入
Σ 求和功能
φ 激活功能
b 偏置
Y 输出
W1 权重

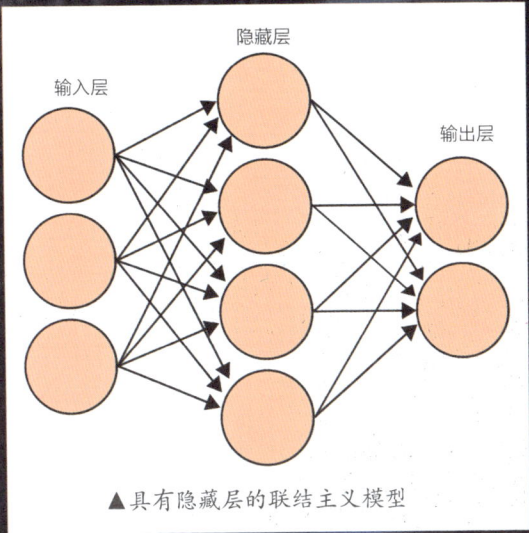

输入层　　　隐藏层　　　输出层

▲具有隐藏层的联结主义模型

感知机的理论基础

感知机是通过模拟大脑的单个神经元工作机制来实现模拟人类大脑的人工智能，其理论属于人工智能三大流派（符号主义、联结主义、行为主义）中的联结主义。它的理论强调通过模拟生物神经系统，通过对大量数据进行学习来获取知识和技能。

人工智能的研究方向之一

　　人工智能符号主义、联结主义、行为主义三大流派之间的纷争引导着人工智能行业的发展方向。在三大流派斗争的几十年间，符号主义从鼎盛一时到如今退出历史舞台，现在的人工智能领域只剩下联结主义和行为主义一争高下。

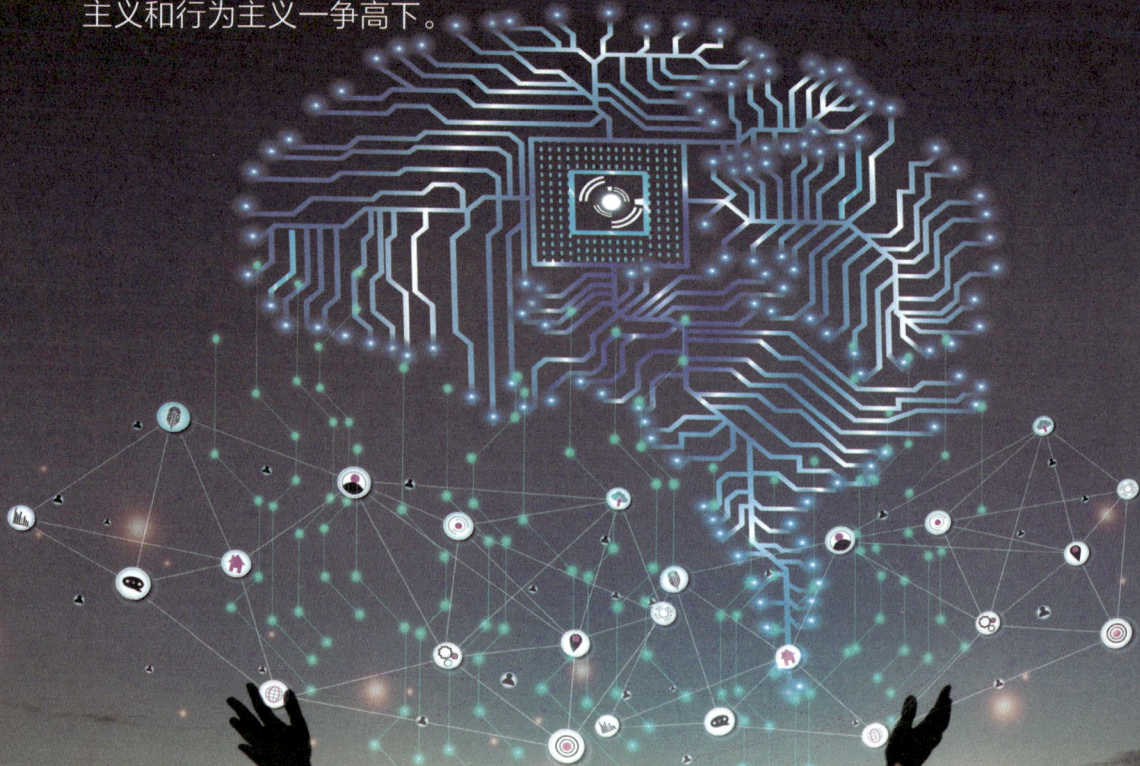

符号主义

　　符号主义又称逻辑主义、计算机学派，主张由人将智能形式化为符号、知识、规则和算法等，并借助计算机用公理和逻辑体系搭建一套人工智能系统。在符号主义者眼里，人工智能的发展方向应该是机器靠模仿人类的逻辑思维方式来获取知识。20 世纪 70 年代出现的专家系统是符号主义的主要成就，其本质是一套计算机软件，能模拟人类专家回答问题。21 世纪初，符号主义逐渐低迷，最终退出历史舞台。

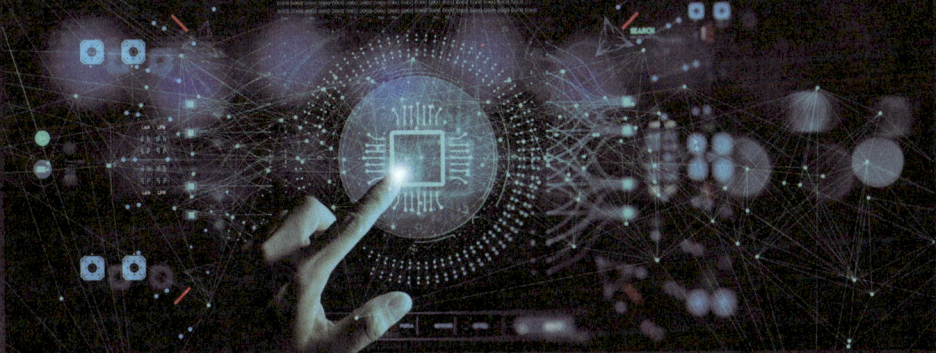

▲人工智能可以从使用者输入的数据中获得知识

联结主义

联结主义又叫仿生学派，主张模仿人类的神经网络来实现人工智能，奉行通过大数据训练来学习知识。1982年，随着霍普菲尔德网络被发现，联结主义在与符号主义的争论中赢得了一局，并随着计算机硬件技术的快速发展成为当今人工智能领域的主要流派，像今天人工智能领域广为应用的深度学习模式就得益于联结主义的大力推动。

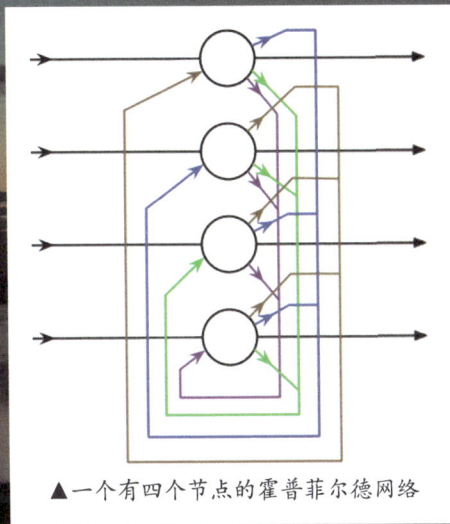

◀联结主义由爱德华·桑代克在20世纪30年代创造

行为主义

行为主义设想通过模拟动物的"感知—动作"，最终复制出人类的智能。20世纪末，该流派正式提出智能取决于感知与行为，以及智能取决于对外界环境的自适应能力的观点。至此，行为主义在人工智能的舞台上才有了自己的一席之地。

惊人的事实

斯坦福大学人工智能实验室的创办人麦卡锡是符号主义的代表人物，但在他之后，该实验室的主任却都是坚定的联结主义者。

▲一个有四个节点的霍普菲尔德网络

人工智能的"三算"

算料、算力和算法是人工智能的三大核心要素。这三个核心要素相互影响，相互支撑，随着三要素的不断创新、增强和累积，人工智能技术也将推动人类社会从信息化步入智能化。

算料

所谓算料，指的就是数据。信息时代，语音、文本、图片、影像等无时无刻不在产生，这些都可以作为数据来源。人工智能中的机器学习环节以大量数据的学习作为训练手段，只有经过对大量可识别信息的学习训练，才能获得一个覆盖尽可能多的各种场景的模型。

▶数理逻辑是人工智能的基础

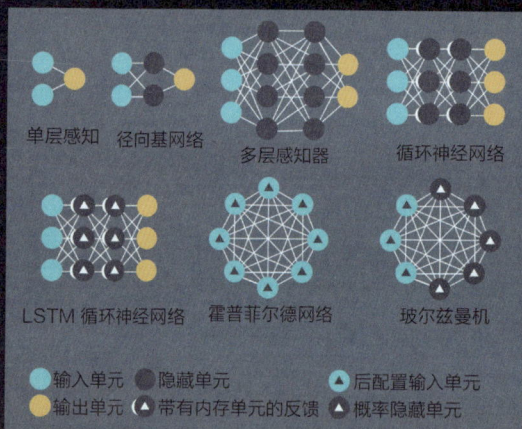

单层感知　径向基网络　多层感知器　循环神经网络

LSTM 循环神经网络　霍普菲尔德网络　玻尔兹曼机

● 输入单元　● 隐藏单元　▲ 后配置输入单元
● 输出单元　△ 带有内存单元的反馈　△ 概率隐藏单元

▲神经网络的算法类型

算法

算法是人工智能背后的"推手"。人工智能领域的主流算法主要分为机器学习算法和神经网络算法，当前最具代表性的深度学习算法模型有深度神经网络（简称 DNN）、循环神经网络（简称 RNN）、卷积神经网络（简称 CNN），其中前两者就是深度学习的基础。

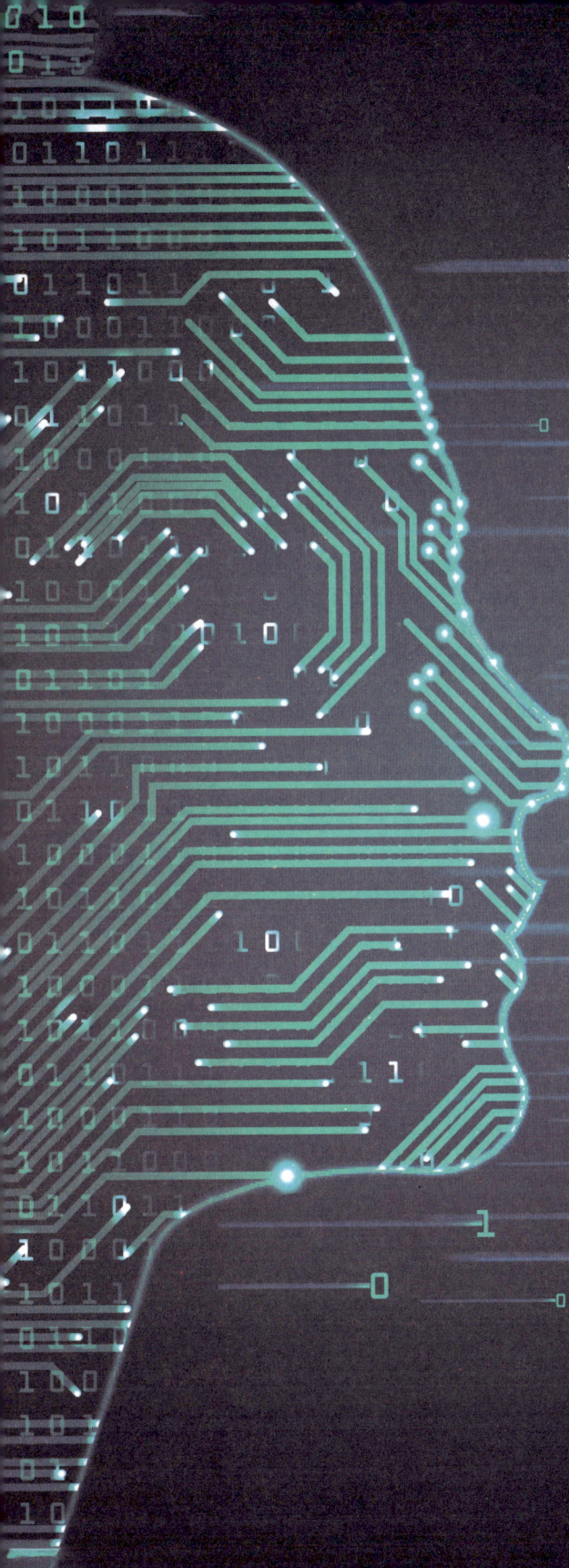

算力

算力是人工智能领域算法和算料的基础设施，其大小代表着对数据进行处理的能力的强弱。人工智能算法模型对算力的巨大需求推动了今天芯片业的发展，而芯片作为算力的根基，它的性能决定着人工智能产业的发展。

你知道吗？

以下哪一个选项不属于人工智能核心要素？

A. 算料　　　B. 算法

C. 算力　　　D. 影音

答案：D

人工智能芯片种类

人工智能芯片是用于运行人工智能算法的专用处理器，目前阶段其与传统芯片比如 CPU 在工艺上区别不大，但在某些性能上又存在较大差异。比如在执行人工智能算法时，其效率更高，更节能。

▲人工智能芯片

机器定理证明

20 世纪 50 年代末到 60 年代初，人工智能领域涌现出一系列成果，迎来第一个发展高潮。在这些璀璨的研究成果中，就包括机器定理证明。

何谓机器定理证明

机器定理证明指的是把人证明数学定理和日常生活中的演绎推理变成一系列能在计算机上自动实现的符号演算的过程和技术，又称自动定理证明和自动演绎。

惊人的事实

1997 年，吴文俊获得机器定理证明领域的最高奖项 Herbrand 奖，这是该奖项首次颁发给中国科学家。

► 1955 年，艾伦·纽厄尔和赫伯特·西蒙创建了"逻辑理论家"。图为赫伯特·西蒙

"逻辑理论家"的成绩

1956 年，一款被称为"逻辑理论家"(Logic Theorist) 的程序成功证明了罗素和怀特海所著的《数学原理》第二章 52 条定理中的 38 条，从而开创了人工智能方法证明数学定理的开端。

9 分钟证明 350 多条定理

1958 年，美籍华裔数理逻辑学家王浩在一台 IBM704 计算机上，用了 9 分钟证明了《数学原理》中的一阶逻辑部分的全部 350 多条定理，引起轰动。和"逻辑理论家"程序的目标是使用计算机程序模拟出人类智能有所不同，王浩的目标是通过计算机方法证明数学定理。

▲阿尔弗雷德·诺思·怀特海（左）和他的学生伯特兰·罗素（右）

吴文俊与"吴方法"

用计算机方法证明数学定理是机器定理证明的重要内容，后来机器定理证明更成为早期人工智能发展的一个重要分支。在这一领域，我国科学家吴文俊提出的"吴文俊消元法"（也称"吴方法"）被认为是开创了几何系定理证明的先河。

▲第一代 AI 研究者使用的电脑 IBM 702

跳棋程序

在人工智能领域，机器与人棋盘对决的传统由来已久。早在 18 世纪就有著名的"机械土耳其人"名噪一时，虽然这个名不副实的国际象棋机器后来被发现是一场骗局，但也由此拉开了人类与机器棋盘对弈的序幕。

▲ 莱昂纳多·托雷斯·克维多

▲ 托雷斯的国际象棋自动机

国际象棋自动机

1912 年，西班牙人莱昂纳多·托雷斯·克维多发明的国际象棋自动机，被认为是世界上第一台真正的象棋机器。

▲ 康拉德·楚泽

▲ Z3 计算机

世界首个象棋程序

1941 年，德国人康拉德·楚泽建造了世界上第一台全功能可编程的计算机，名叫 Z3 计算机，并在 1945 年设计了编程语言 Plankalkuel，同时他还开发出了世界上第一个象棋程序。

国际象棋程序

　　1951 年，图灵也曾设计出一款能够玩一盘完整国际象棋的程序，但这项工作随着图灵去世而终止。后来，一位叫亚历克斯·伯恩斯坦的 IBM 研究员编写了第一个完整的全自动象棋程序，并在 IBM704 主机上实现了运行。

▲ 1957 年的 IBM 704 计算机

跳棋计算机程序

　　1952 年，计算机科学家亚瑟·塞缪尔在 IBM 的首台商用计算机 IBM701 上编写了国际跳棋程序，并顺利战胜了当时的国际跳棋大师罗伯特·尼赖。塞缪尔的跳棋程序采用了机器学习中的强化学习技术，具有自学习能力，能不断提高弈棋水平。在此之后，他还提出了"机器学习"的概念。

惊人的事实

　　据说，亚瑟·塞缪尔研究和完善跳棋程序花了约 10 年的功夫，可以说真正做到了十年磨一剑。

从理论研究走向实际应用

在机器定理证明、跳棋程序等研究成果问世后，人工智能迎来第一个发展黄金期。20 世纪 70 年代出现的专家系统模拟人类专家的知识和经验解决特定领域的问题，实现了人工智能从理论研究走向实际应用、从一般推理策略探讨转向运用专门知识的重大突破。

▲ 爱德华·费根鲍姆被人们称为专家系统之父

从黄金期进入低谷期

20 世纪 50 年代末，人工智能在第一个发展黄金期取得的成果让很多人都以为人类已经实现了真正的人工智能，然而随着机器定理证明在证明两个连续函数之和仍然是连续函数这个研究项目上遇到瓶颈，塞缪尔的跳棋程序无法继续冲刺战胜世界冠军的目标，甚至连机器翻译也频频闹出笑话后，人工智能发展陷入了低谷。

▶农业生产智能专家系统

专家系统问世

20 世纪 60 年代，爱德华·费根鲍姆和同事共同研发的第一个成功的专家系统 DENDRAL 问世。后来，费根鲍姆将其正式命名为知识工程，并提出了应该结合具体行业知识来发展人工智能，而不是通用人工智能的观点。

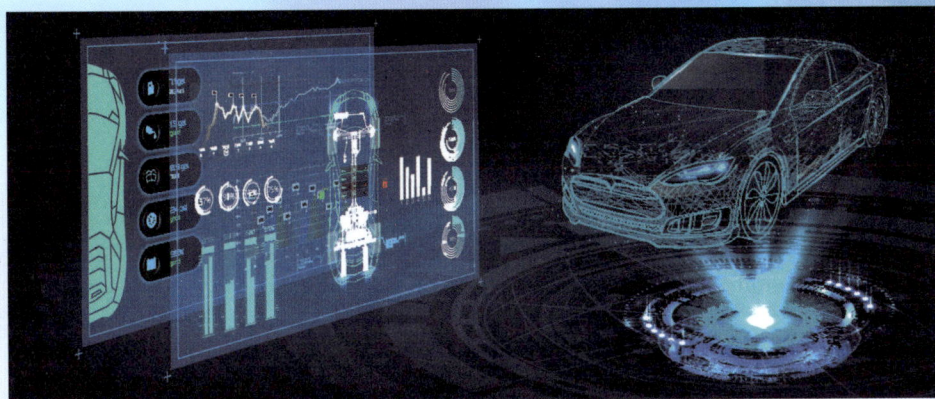

▲汽车故障分析智能专家系统

解决问题的机器专家

作为早期人工智能的重要分支，专家系统是一种在特定领域内具有专家水平及解决问题能力的程序系统。其一般由知识库与推理引擎两部分组成，根据一个或者多个专家提供的知识和经验，通过模拟专家的思维过程，进行主动推理和判断，进而解决问题。

▲医学诊断智能专家系统

发展方向的转变

专家系统的问世成为人工智能领域由理论研究向实际应用发展的转折点，人工智能的发展方向从"让机器像人类那样思考并获取知识"开始转向"让机器通过学习去帮助人类解决问题"。

第一代人工智能

　　1977 年第五届国际人工智能联合会议上，费根鲍姆提出知识工程概念。所谓知识工程，就是把知识融合在机器中，让机器能够利用我们人类知识、专家知识解决问题，这也是知识工程要做的事。随着专家系统在医疗、化学、地质等领域取得成功，第一代人工智能的时代到来。

▲科研人员与人工智能系统创新研发抗病毒疫苗

以知识和经验为基础

　　人工智能的创始人最早就提出来一个基于知识和经验的符号推理模型，比如医生看病，这是医生利用他自身的医学知识与临床经验进行推理和治疗的过程。人类的很多行为都可以看作类似的通过知识与经验做出的推理行为，而通过知识和经验建立的针对某些领域的专家系统，我们称其为第一代人工智能。

XCON 专家系统

    自从费根鲍姆的专家系统问世后，一时间涌现出了不少以专家系统为核心的科研成果，这其中最具代表性的案例被认为是美国卡内基梅隆大学给美国 DEC 公司开发的专家配置系统 XCON。

▲远程医疗

▲分析师使用计算机和仪表板进行数据分析

从低迷走向持续更新

    20 世纪 80 年代初到 90 年代初，专家系统经历了十年的黄金期。然而在日本研究第五代计算机的设想破灭后，专家系统一度低迷。不过随着互联网的快速发展，专家系统又在电子商务等领域找到用武之地，并得到了不断更新。

惊人的事实

XCON 系统可以按照客户需求自动配置零部件，从 1980 年投入使用到 1986 年，XCON 一共处理了八万个订单。

互联网技术的催化作用

　　20 世纪 80 年代到 90 年代，曾经在人工智能领域一骑绝尘的专家系统暴露出了一系列问题，开始逐渐退出主流舞台。同一时期，由于互联网技术的迅速发展，人工智能的创新研究也日新月异，并进一步走向实用化。

▲ Kismet，20 世纪 90 年代制作，一个具有表情等社交能力的机器人。

专家系统问题暴露

　　伴随着人工智能应用规模的扩大，专家系统本身所具有的局限性也逐渐显现，比如应用领域狭窄、知识获取困难、缺乏常识性知识、推理方法单一、缺乏学习能力，难以与现有数据库兼容等，这些问题很快引起人们的重视。

日本第五代计算机计划失败

在专家系统问题暴露的同时，日本政府启动了第五代计算机计划，试图建立一个基于逻辑推理的通用人工智能系统，但最终以失败告终。人工智能行业的发展进入第二个寒冬。

▲大数据过滤的过程，数据流就像进入了带齿轮的过滤器，通过信息分离、分析和分类，再被分装到特定的数据库里。

数据积累的质变突破

80 年代末到新世纪伊始，全球互联网经济蓬勃发展，由此催生了大量的数据，为后来人工智能朝着以大数据为支撑的统计模型、深度学习等模式实现突破奠定了从量变到质变的基础。

▼ 大数据的数据流

对人工智能的重大影响

互联网带来的数据量使得人工智能使用的统计模型可用样本激增，为人工智能更好地理解现实世界创造了条件。与此同时，这一时期计算机硬件技术的飞速发展也极大地增强了人工智能对大数据的处理能力，满足了人工智能对复杂学习模型的计算能力的需求。

你知道吗？

以下哪个国家启动了第五代计算机计划？
A. 美国　　　B. 英国
C. 德国　　　D. 日本

答案：D

"深蓝"超级计算机

　　随着 20 世纪 80 年代末到 90 年代初互联网时代的到来，信息技术和数据资源的积累加快步伐，从而为人工智能提供了新的动力与平台，并出现了如 IBM "深蓝"超级计算机战胜国际象棋世界冠军等标志性事件。

"深蓝"战胜世界级冠军

　　1997 年，美国 IBM 公司的"深蓝"超级计算机以 2 胜 1 负 3 平战胜了当时世界排名第一的国际象棋大师卡斯帕罗夫。这则新闻在当时轰动一时，也成为了人工智能发展史上不得不提的重大事件。

◀卡斯帕罗夫

硬件优势

  "深蓝"超级计算机重 1270 千克，有 32 个微处理器。此外，"深蓝"在硬件上还有其他亮点。比如寄存器等硬件都是为国际象棋和搜索算法专门定制的，其搜索棋盘局面的速度可以达到当时普通配置的个人电脑的 200 倍；采用了通用处理器和象棋加速芯片相结合的配置方式，这些都为"深蓝"拥有强大的运算和搜索能力提供了保证。

"深蓝"的获胜秘诀

  "深蓝"有自己的超级专家系统，集合了诸多人类国际象棋大师的知识与智慧。其下棋的程序技术基于国际象棋的规则，同时借助大量的开局库、棋谱库、终局库等进行搜索、组合、优化，本质上是依靠强大的计算能力穷举所有路数来选择最佳策略。比如"深蓝"在落子前可以预判 12 步，而卡斯帕罗夫只能预判 10 步，两者间的差距一目了然。

▶ "深蓝"计算机机组之一

智慧地球

2008 年 11 月 6 日，IBM 首次公开提出了"智慧地球"（Smart Planet）发展战略。有说法称，所谓的"智慧地球"，通俗地讲就是物联网与互联网的融合，即通过传感器网把世界上各种需要互联的物体都联接起来，以更加精细和动态的方式管理生产和生活，达到"智慧"状态。

▲智慧城市是智慧地球的体现形式

◀车辆智能调配

▶手机控制智能家居

更透彻的感知

智慧地球旨在利用大量感知、测量、捕获信息的设备与系统，将各种感应科技嵌入到汽车、家电、公路、水利、电力等设施中，获得地球上所有可数字化的信息，令物质世界数据化。

▲互联网上的云计算服务特征和自然界的云水循环具有一定的相似性

更广泛的互联互通

智慧地球会利用各种形式的高带宽通信网络，将个人电子设备、政府和各单位信息系统中收集和储存的分散信息联接起来，通过物联网与互联网的融合实现交互和多方共享。

▲区块链系统每10分钟会检验期间产生的所有数据

更深入的智能化

智慧地球可以通过云计算、超级计算机和区块链等先进技术，对所感知的海量数据进行深入分析和处理，通过智能化的优化处理来解决特定问题，以便人们做出正确的行动决策。

AI 助力智慧地球的建设

有观点认为，未来人工智能在智慧地球的建设中将发挥重要的作用。比如它可以帮助提高各个行业的效率；帮助人们做出更智能的决策，帮助企业组织更好地监控和预测潜在风险；为行业发展提供更强有力的数据分析和洞察力；为未来的各行各业的创新和个性化发展提供更多的机会。

你知道吗?

提出智慧地球概念的是以下哪家企业？

A. 阿里巴巴　　B. 微软
C. 谷歌　　　　D. IBM

D ：案答

第二代人工智能

在 21 世纪初，由于专家系统的项目都需要编码太多的显式规则，这降低了效率并增加了成本，人工智能研究的重心从基于知识系统转向了机器学习方向。第一代人工智能以专家系统为代表，第二代人工智能则以深度学习为代表，这种模型思路来自联结主义，其基础为人工神经网络。

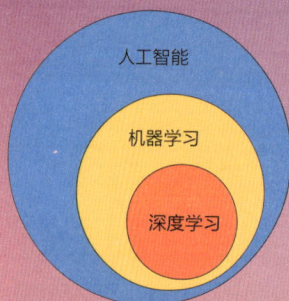

▲人工智能、机器学习和深度学习三者之间的关系

第一代人工智能缺陷

专家系统由于专家知识资源相对稀缺，而且需要经由人工编程输入计算机，成本很高。此外，专家系统对很多不确定的知识或常识性的知识等很难表达，因此第一代人工智能应用范围相对有限，这也成为以深度学习为代表的第二代人工智能时代的到来。

▼深度学习

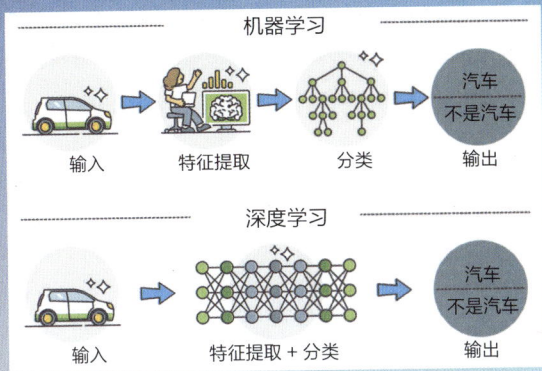

机器学习

输入　特征提取　分类　输出
汽车 / 不是汽车

深度学习

输入　特征提取 + 分类　输出
汽车 / 不是汽车

惊人的事实

在机器学习中，数据是至关重要的。模型的性能在很大程度上取决于用于训练和测试的数据的质量和数量。

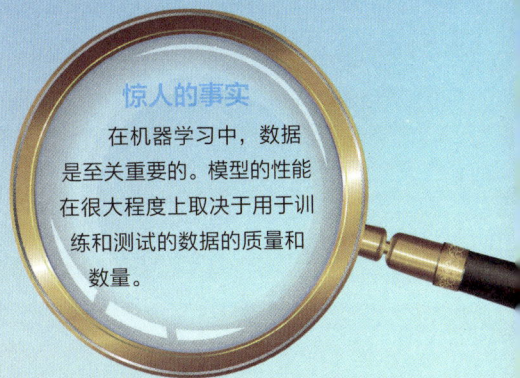

什么是机器学习

深度学习是人工智能领域机器学习的一个组成部分。什么是机器学习？机器学习简单来说就是通过以往的经验即数据，学习数据内部的逻辑，并将学到的逻辑应用在新数据上，进行预测，其可以被广泛应用在图像识别、语音识别、医疗诊断、自动驾驶、股市交易等领域。

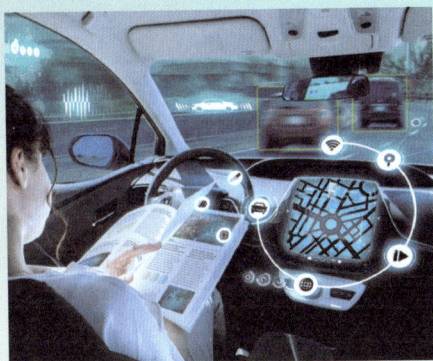

▲自动驾驶

从机器学习到监督学习

机器学习分为监督学习、无监督学习和强化学习三种类型，第二代人工智能中的深度学习即属于监督学习。监督学习是最常见的机器学习类型，它使用带有正确答案的数据集来训练模型。例如，一个用于识别猫和狗的模型可以通过大量包含已标记为"猫"或"狗"的图像的数据集进行训练，这种方法在图像识别、语音识别和医疗诊断等领域非常有效。

深度学习的缺点

深度学习是机器学习和人工智能研究的最新趋势之一。它的流行得益于互联网时代的大数据井喷式发展，以及计算机处理数据能力的飞速提升，因此深度学习有时也被称为数据驱动的方法。

致命缺点

2015年，美国一个科研团队发现了深度学习的一个致命缺点。他们做了一个大熊猫的图像，机器的识别率很高。但是当实验人员在大熊猫的图像上增加一点点噪声时，机器却以接近百分之百的概率将其认定为长臂猿。

你知道吗？

深度学习被认为是以（ ）驱动的方法？

A. 算法   B. 算力

C. 数据   D. 计算机硬件

答案：C

◀ Stable Diffusion 是一个基于深度学习的图像生成模型，可以根据文本描述自动生成图片。

机器犯错的根源

与人类从大的轮廓来识别图像不同，在计算机里，图片的每个颜色点都是用"0"和"1"这两个字符来表示的，人工神经网络、深度学习只能提取图像局部的纹理色彩特征，所以只要改变局部的特征，就会出现识别错误，这说明机器本身是无法理解图像语义的。除了图像，语音、文本亦如此。而这也是纯粹数据驱动的深度学习方法必然存在的问题。

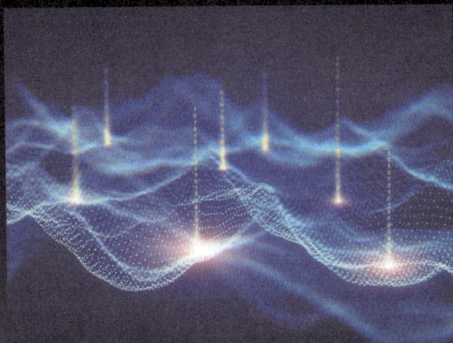

▲具备复杂结构的深度学习模型

深度学习的缺陷

以数据驱动的深度学习具有学习能力强、覆盖范围广、适应性好、上限高、兼容性好等优点，但同时对数据、算法、算力有很高的要求，也进一步导致普通的 CPU 处理器无法满足深度学习的要求，使得深度学习的成本相对高昂。不仅如此，深度学习由于严重依赖数据，往往很难让人类理解机器自身的"脑回路"，这也制约了它的更进一步发展。

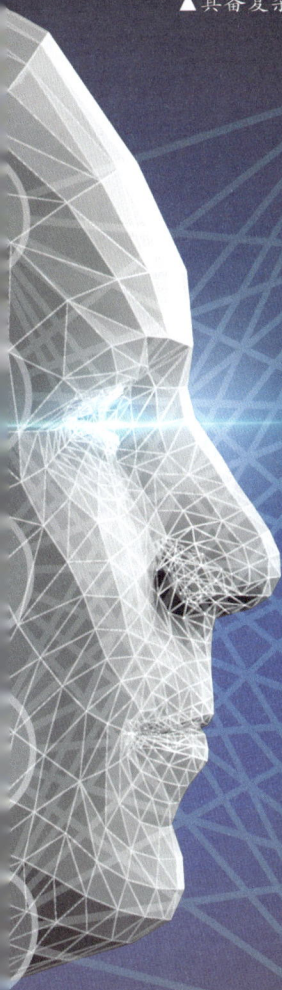

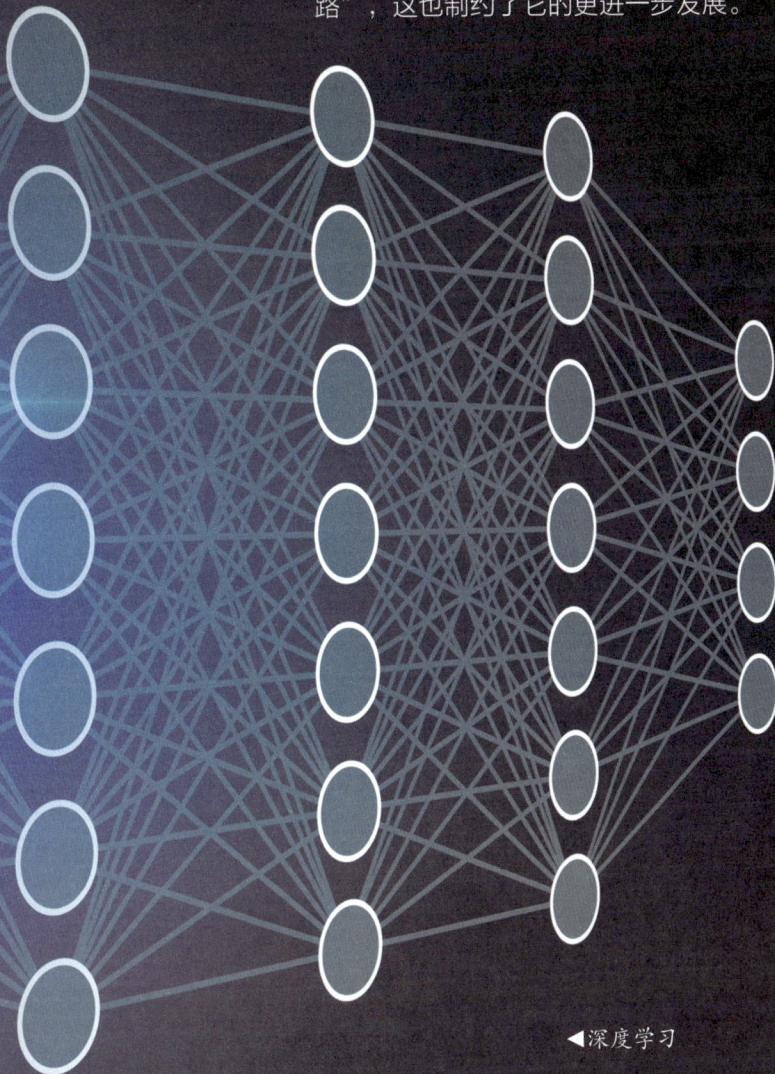

◀深度学习

AlphaGo

围棋被认为是棋类中最复杂的，复杂度远超国际象棋。人工智能挑战人类围棋大师，这样的对抗在 2016 年就已经出现，并在当时引发了热烈讨论。

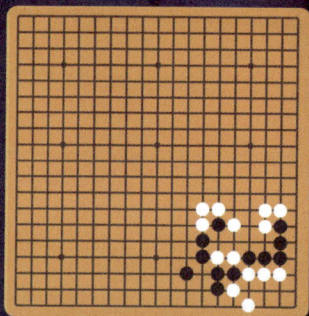

▲ 传统围棋

AlphaGo 创造奇迹

2016 年，由谷歌旗下 DeepMind 公司戴密斯·哈萨比斯领衔的团队开发的一个使用强化学习技术的程序 AlphaGo 击败了世界围棋冠军。AlphaGo 的成功不仅展示了强化学习的强大能力，也标志着人工智能在解决复杂问题方面的一大进步。

▲ AlphaGo 标志

▲ 伦敦国王十字区的 Google DeepMind 总部

比"深蓝"更加强大

"深蓝"被认为采用的是"类似穷举的方法"，并不断优化计算方法来下国际象棋的。而 AlphaGo 则是先学习人类的已有知识（棋谱），再来和人类下棋。这种学习机制使其可以自己产生素材，并继续学习，因此也意味着可以越来越强。

深度学习与强化学习完美结合

AlphaGo 将深度学习和强化学习完美结合，形成了深度强化学习核心算法。强化学习是一种基于奖励机制的学习方法。比如当模型在训练中发现某种策略更有利，会不断"强化"该策略，以期取得更好的结果。在这种方法中，模型需要不断通过与环境的交互来学习如何执行任务。和监督学习、无监督学习不同，强化学习不需要大量的数据，而是通过自己的不停尝试来学会某些技能。

监督学习　　　　无监督学习　　　　强化学习

▲机器学习集。监督学习、无监督学习和强化学习的区别。

第三代人工智能

　　以深度学习为代表的第二代人工智能是如何识别一张动物图片的呢？简而言之，以马为例，就是把每匹马的局部特征给分析出来，然后跟其他动物作比较，根据局部特征再进行区别。这种学习方法也被称为"黑箱学习法"，其存在两个"细思极恐"的问题，即：深度学习的中间过程不可知，深度学习产生的结果不可控。

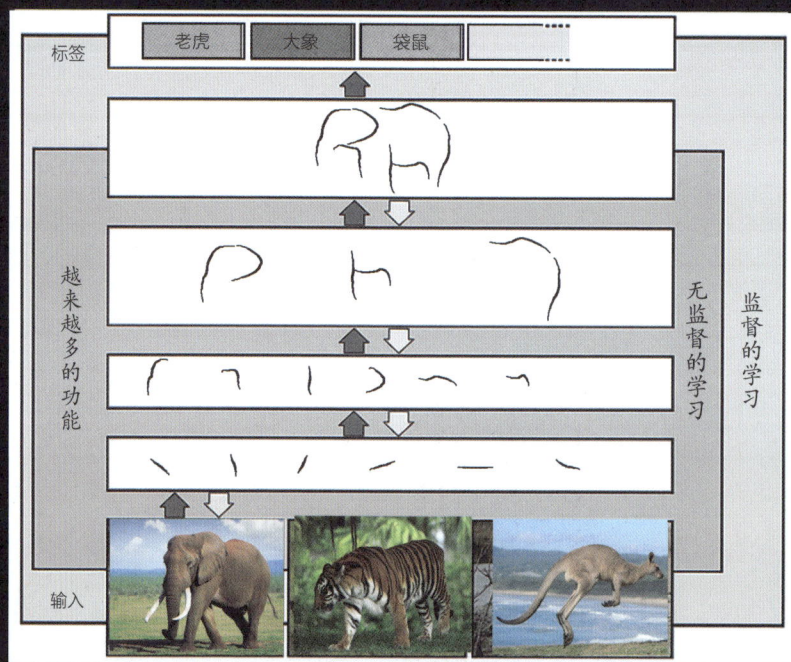

▲在深度学习中代表多个抽象层的图像

避无可避的缺陷

　　深度学习在解决问题过程中，只能学习那些局部的底层特征，学习不了高层的语义特征，比如动物的轮廓等。以识别图片来说，它只能分辨马和牛，但根本不认识马和牛，这也使不可靠、不安全、不可信成为人工智能避无可避的缺陷标签。

知识驱动与数据驱动结合

　　为了解决第二代人工智能的缺陷和问题，科学家们提出了第三代人工智能的概念，其核心理念是把知识驱动与数据驱动结合起来。知识驱动被认为是第一代人工智能的特征，和数据驱动的核心要素为数据、算力、算法不同的是，知识驱动的核心要素是知识、算力和算法。

▲智能无人驾驶汽车与深度学习技术相结合，可以实现围绕汽车情境感知和自主360度导航。

发展理念之一

第三代人工智能需要综合地利用知识、数据、算法和算力四个要素，并按照知识第一、数据第二、算法第三、算力第四的顺序去发展自身，以克服知识驱动和数据驱动存在的先天缺点。

人工智能与其他学科

当今社会，科技发展日新月异，人工智能已经成为我们生活中不可或缺的一部分，并以前所未有的速度改变着我们的生活方式。如何更好地推动人工智能向前发展？显然，依靠单一的学科领域已无法满足人们对人工智能技术的发展需求，而人工智能与其他学科的跨学科研究正成为人工智能技术取得突破的关键所在。

▲人工智能技术在不同领域均有应用

跨学科研究

跨学科研究是指在研究过程中，需要综合运用多个学科的知识与方法，以解决复杂问题。这种研究方法鼓励不同学科之间的交流与合作，以促进新思维、新方法的诞生。

◀索菲亚机器人能够模仿人类的手势和面部表情，并能理解人类的语言，与人类进行简单的交流。

跨学科研究优点多多

人工智能的发展本身就涉及多个学科领域，通过跨学科研究，人们可以获取不同领域的专业知识。在跨学科的学习和研究过程中，往往更容易产生新的思维方式和解决问题的方案，同时也有助于打破学术壁垒，促进知识的共享与传播。

▶纳米机器人消灭癌细胞

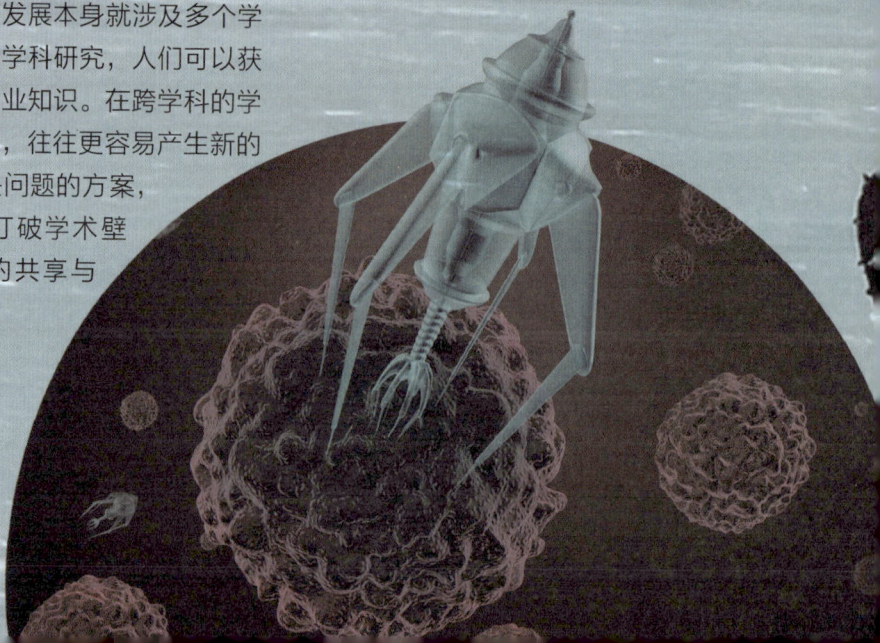

创造无限可能

　　人工智能与跨学科研究相互融合，可以创造无限可能。比如生物学和人工智能融合，可以开发出更加智能的机器人和生物传感器，提高医疗诊断的准确性和治疗效果；物理学与人工智能融合，比如量子计算技术的发展可以为人工智能提供强大的计算能力支持等。

▲量子计算机的数字信号光束通过核心光学CPU 的量子轴

▼冰川机器人可携带各种冰川检测仪器，对大气样本进行采集和分析，是人们探索冰川奥秘的新型工具。

惊人的事实

　　数学、计算机科学、神经科学、语言学、物理学和工程学是人工智能最重要的学科，为人工智能技术的发展提供了必要的算法、模型、工具和方法。

"人工智能 +X" 模式

2018 年，教育部印发《高等学校人工智能创新行动计划》（简称《计划》），要求推进"新工科"建设。这是国家主动应对新一轮科技革命与产业革命的战略行动，在已经公布的新工科专业改革类项目群中，人工智能居于首位。

▲小学生使用 Microbit 编程

新一代人工智能发展规划

早在 2017 年，中国《新一代人工智能发展规划》就已经出台。这份文件明确提出要加快培养聚集人工智能高端人才，包括"人工智能 +X"复合专业培养、学科交叉和产学研合作，同时实施全民智能教育项目，中小学阶段设置人工智能相关课程。

▼用 VR 眼镜体验虚拟的太空之旅

你知道吗？

"新工科"建设是哪一年提出的？
A. 2020 年　　B. 2017 年
C. 2018 年　　D. 2019 年

答案：C

▲老师讲授智能医疗

"人工智能＋X"培养模式提出

在 2018 年"新工科"建设的要求提出后，人工智能专业成为当前高校新兴专业的重点建设对象之一。2020 年，教育部等部委联合发声，要求加速"人工智能＋X"复合型人才的培养。

▲ AI 写作

多学科交叉融合

复合型人才是指"精通一门，兼知其他"，具有多种能力和发展潜能，具备和谐发展的个性和创造性的人才，俗称一专多能的人才。人工智能专业的人才培养需要重视人工智能与计算机、控制学、数学、统计学、物理学、生物学、心理学、社会学、法学等学科专业教育的交叉融合，以形成"人工智能＋X"复合专业培养新模式。

潜在的问题

随着人工智能技术的发展，智能助手、自动驾驶车辆及医疗诊断工具等正变得越来越智能。然而，这些进步也带来了各种风险，比如数据泄漏的风险等。

机器学习模型在处理某些类型的图像时也会犯错，出错率甚至远高于人类。这也暴露了 AI 系统在特定任务上的局限性。

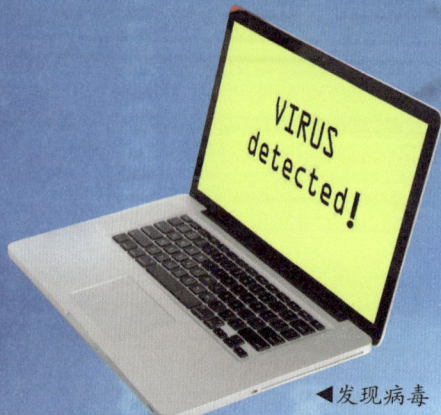

▲发现病毒

数据泄露的风险

随着人工智能在处理大量个人数据方面的能力增强，数据泄露的风险也随之增加。如果这些数据被未经授权的人访问，可能会导致严重的侵犯隐私问题。

算法偏见

算法偏见是人工智能面临的另一个重大挑战。如果训练数据存在偏差，人工智能系统可能会学习并放大这些偏见，从而导致不公平或歧视性的决策。

▲病毒篡改文件导致乱码

黑客攻击和安全漏洞

黑客可能利用安全漏洞来干扰人工智能系统的正常运行，导致严重后果。因此，持续的安全测试和更新是确保人工智能系统安全的关键。

决策透明度问题

人工智能系统的决策过程往往是一个"黑盒"，外部难以理解其决策逻辑。这种缺乏透明度的机制可能导致信任问题，特别是在人工智能作出诸如医疗诊断或法律判决等重大决策时。

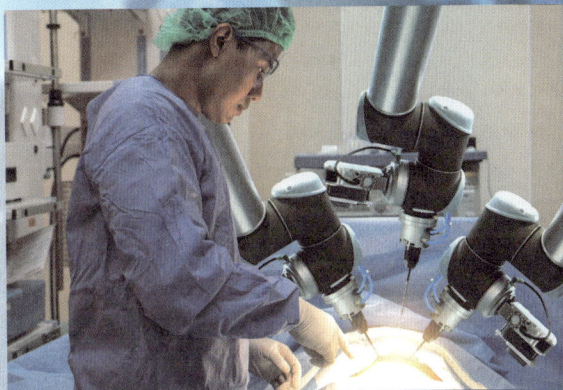

▲手术机器人协助外科医生进行手术

自动化失误和错误

人工智能也可能犯错误，尤其是在遇到未曾见过的情况或数据时。因此，建立监督机制和紧急干预程序，以及在关键领域保留人类监督措施很有必要。

法律和伦理挑战

人工智能的应用可能会引发诸多法律和伦理问题，但不同国家和地区对 AI 的监管差异很大，因此制定全球统一的法律和伦理标准，对于 AI 的发展至关重要。

人机混合智能

人工智能几十年来的研究表明，机器和人类的智能各有优势。比如机器擅长的搜索、计算、存储、优化等，人类难以望其项背，然而在感知、推理、归纳和学习等方面，机器同样无法与人类智能相匹敌。鉴于机器智能与人类智能的互补性，人机混合智能的设想应运而生。

◀无人机通常使用遥控、导引或自动驾驶来控制

新型智能系统

人机混合智能是将智能研究扩展到生物智能和机器智能的互联互通，融合两者各自所长，创造出性能更强的智能形态。其以生物智能和机器智能的深度融合为目标，旨在通过相互连接的通道，建立兼具生物（人类）智能体的环境感知、记忆、推理、学习能力和机器智能体的信息整合、搜索、计算能力的新型智能系统。

▶智能扫读笔

▲智能家居系统可以把家里的各种家电、照明、安防等设备连接到一起，在互联网和智能开关控制下，自动为人们提供生活服务。

广阔的应用前景

　　未来，混合智能会应用在很多领域。比如融入混合智能的神经智能假肢、智能人工视觉假体，比如行为可控的各种海陆空动物机器人、脑机一体化的外骨骼系统、人机融合操控的无人系统等。

令人期待的无缝交互

　　相比仿生学或生物机器人，人机混合智能系统要打造的是一个既包含生物体，又含有人工智能电子组件的有机系统。生物体组织可以接受人工智能体的信息，人工智能体也可以读取生物体组织的信息，两者的信息可以无缝交互。同时，生物体组织对人工智能体的改变也能形成实时反馈，反之亦然。

▲智能语音助手能通过对话和即时问答帮助我们解决问题

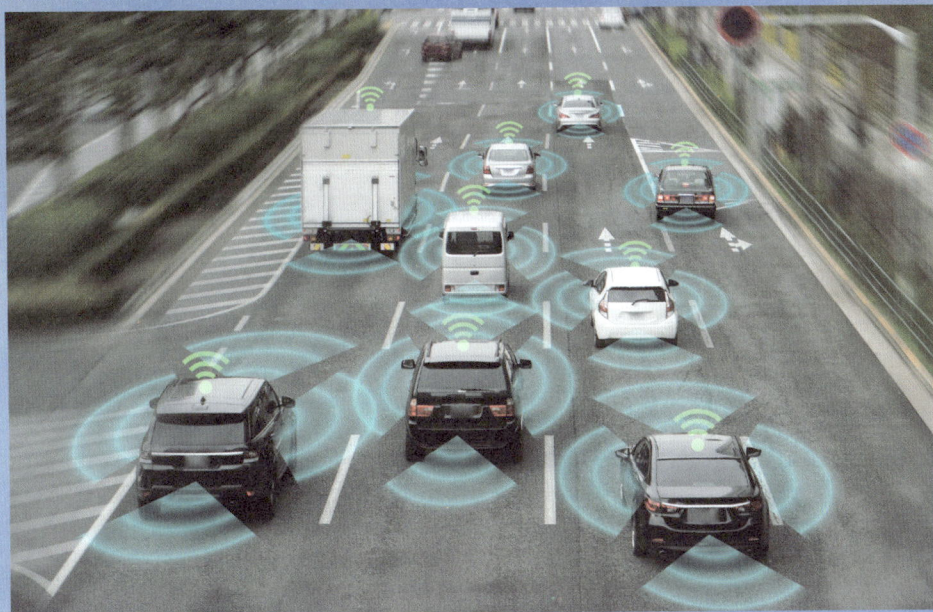

▲自动驾驶汽车穿过城市公路，可视化的 AI 传感器向四周扫描道路，以获取速度限制信息。

AI 芯片

芯片是半导体元件产品的统称，也叫集成电路或微电路、微芯片、晶片 / 芯片。它是一种把电路（主要包括半导体设备，也包括被动组件等）小型化的方式，通常制造在半导体晶圆表面上，而 AI 芯片即人工智能芯片。

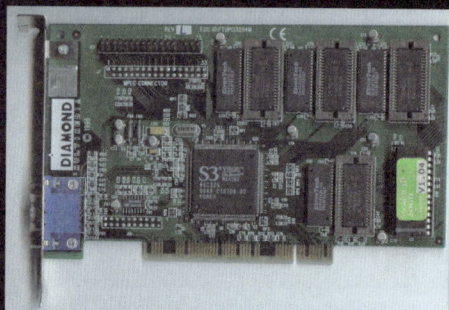

▲ S3 ViRGE 通用芯片

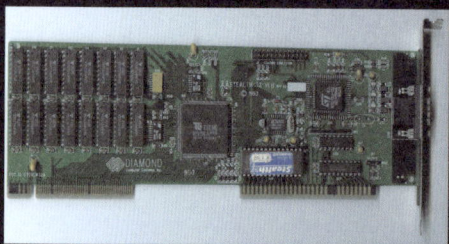

▲ 曾氏实验室 ET4000 W32p 通用芯片

AI 芯片

从广义上讲，只要能够运行人工智能算法的芯片都可以被称为 AI 芯片，但通常意义上的 AI 芯片主要指的是针对人工智能算法做了特殊加速设计的芯片。现阶段的人工智能多数都采用的是深度学习算法，也有部分采用如机器学习算法等其他模型。

四大类型

AI 芯片还有一个叫法——AI 加速器或计算卡，即专门用于处理人工智能应用中的大量计算任务的模块（其他非计算任务仍由 CPU 负责）。当前，AI 芯片按技术架构主要分为通用芯片（GPU）、半定制化芯片（FPGA）、全定制化芯片（ASIC）、类脑芯片等类型。和传统芯片相比，其特点在于功耗低、响应速度快。

▲一个有 20000 个单元的阿尔特拉公司的半定制化芯片

新兴技术路线

　　存储和计算是芯片的两大基础功能，由于数据需要在存储器与计算单元之间搬运，功耗很大。为了降低数据频繁交换导致的延迟与功耗，以存储为中心的计算架构逐渐成为 A1 芯片的新兴技术路线。

AlphaGo Zero

2017 年 10 月，谷歌旗下的 DeepMind 团队公布了进化后的最强版 AlphaGo，代号 AlphaGo Zero。进阶版的 AlphaGo Zero 用了 490 万盘比赛数据，经过 3 天的训练，以 100:0 的比分击败曾经完胜李世石的那版 AlphaGo。和后者不同的是，这次的 AlphaGo Zero 几乎完全是从零开始学习围棋的。

从零开始

2017 年 12 月 6 日，DeepMind 团队发布消息称，其研发的一种通用棋类人工智能 AlphaGo Zero 从零基础开始强化学习，在此基础上训练了 3 种独立的程序，其中国际象棋程序自我对弈 4400 万局，日本将棋程序自我对弈 2400 万局，围棋对弈了 2100 万局。之后，其在 24 小时之内击败了此前最强的国际象棋、日本将棋和围棋人工智能程序 AlphaGo。

▲人们在思考下一步棋该怎么走

超越 AlphaGo

从 AlphaGo 到 AlphaGo Zero，人工智能实现了专攻一技到多技能"通杀"的大进步。在 AlphaGo 版本时，计算机一开始是通过海量人类业余和专业棋手的棋谱进行训练，然后学习如何下围棋的，而 AlphaGo Zero 则跳过了这个步骤，转而从自我对弈学习下棋。

自我对弈，越来越强

AlphaGo Zero 能够通过自我对弈提升棋艺，主要得益于它采用了强化学习的模式。其学习系统将 AlphaGo Zero 的人工神经网络和一个强力搜索算法结合，自我对弈。在对弈过程中，神经网络不断调整、升级，一步步越来越强。

脑机接口

　　和地球上其他生物相比，人类最强大的地方并非四肢，而是大脑。脑机接口正是当前人工智能技术条件下，在大脑和外部设备之间创建的直接连接通路。这一领域被认为是生命科学和信息技术交叉融合的下一个主战场。作为一个系统工程，脑机接口包括软硬多个组件，涉及微电子、神经科学、材料学、机器人、临床医学等多个学科。

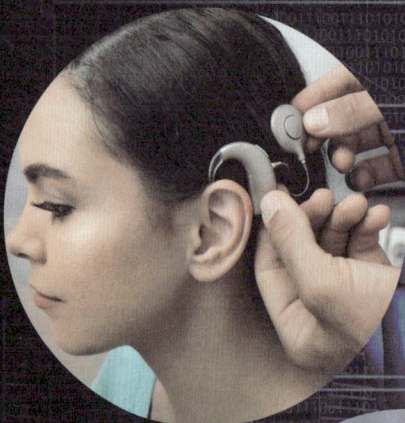

▲人工耳蜗是迄今为止最成功、临床应用最普及的脑机接口

▶人工视网膜可在一定程度上恢复重度失明病人的视觉

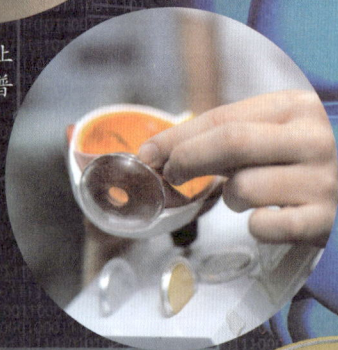

应用前景广阔

　　脑机接口能直接修复运动感知功能，帮助高位截瘫、渐冻人、失明病人恢复独立生活和交流能力，被认为是将来解决瘫痪、中风、帕金森病等患者神经功能受损的有效手段。此外它还是全面解析、认识大脑的核心关键技术，是国际脑科学最前沿研究的重要工具。

惊人的事实

　　2016年，荷兰一科研团队成功使一位渐冻症患者通过侵入式脑机交互技术，利用意念在计算机上打字，准确率达到95%。

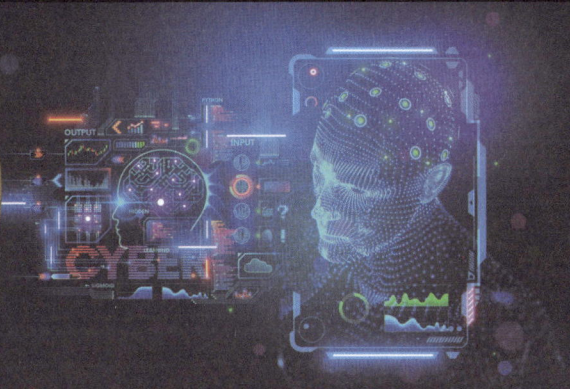

▲瘫痪病人在接受大脑植入芯片的手术后，有可能恢复触觉和运动功能。

技术上的最大挑战

　　脑机接口可以绕过人体器官，充分发挥人脑的优势，使大脑直接与外界装备进行高效互动。这项技术的难点在于，如何在最低限度损伤大脑和最大限度利用大脑之间达到平衡。

▲一些实验室已实现从猴和大鼠的大脑皮层上记录信号以便操作脑机接口来实现运动控制。实验让猴只是通过回想给定的任务（而没有任何动作发生）来操纵屏幕上的计算机光标并且控制机械臂完成简单的任务。

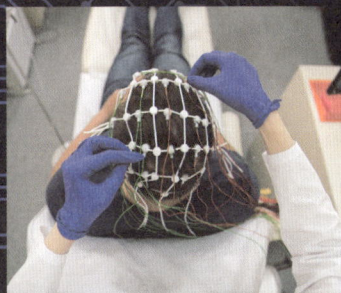

▲脑磁图以及核磁共振技术在实现非侵入式脑机接口中也发挥着关键作用

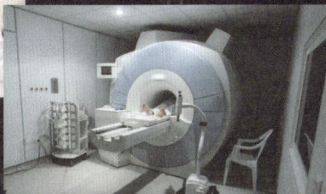

▶大脑植入系统设计的虚拟单元

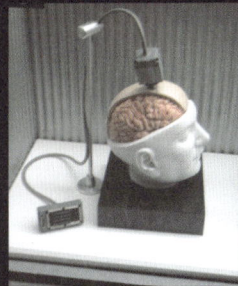

脑机接口侵入方式

　　用于脑机接口系统的输入信号可以分为非侵入式、半侵入式和侵入式三种。非侵入式容易穿戴，无需手术，但存在信号空间分辨率较差等缺点；半侵入式一般会植入人体头皮和大脑皮层之间，信号质量介于非侵入式和侵入式之间；侵入式一般直接植入大脑皮层，但存在较大的手术风险。

43

类脑智能

人脑是目前已发现的最复杂的信息处理系统，能否以人类大脑为原型开发出更强大的人工智能，这一直是人工智能领域科学家们的梦想，类脑智能就是在这样的背景下诞生的。

▲美国科学家 Carver Mead

运作模式与特点

20 世纪 80 年代末，美国科学家 Carver Mead 首次提出类脑计算的概念。虽然类脑智能不可能复制人类大脑，但它是通过模仿人类神经系统的工作原理和大脑的运作模式，让计算机软硬件实现信息高效处理，具有低功耗、高算力等特点。

两种实现路径

类脑智能的实现路径大致分为软类脑和硬类脑两类，前者侧重算法，旨在让算法和模型能够模拟大脑的信息加工机制，把现实中的物质形式化，从而在软件中模拟大脑；后者侧重硬件，旨在通过开发神经形态的芯片（如类脑芯片）和其他介质，以生物电子学、神经形态工程等学科为基础，模拟生物神经元乃至整个大脑。

惊人的事实

"问天 I"类脑计算机具备 5 亿神经元、2500 亿突触智能规模，神经元数、突触规模位居全球第二，相较现有计算系统，其能效提升了 10 倍以上。

"问天 I" 类脑计算机

2023 年 11 月，"问天 I" 类脑计算机技术成果在江苏南京发布，该计算机模拟大脑神经网络运行，是国内目前技术领先、规模最大的类脑计算机。

人机共生

1960 年，美国心理学家和计算机科学家约瑟夫·利克莱德首次提出"人机共生"的概念。共生一词最早出现在生物学领域，在自然界，共生体现的是物种间密切联合、需求互补、共同发展、协同进化的能力。那么人工智能领域的人机共生也可以这么理解吗？

▲ 约瑟夫·利克莱德

合作与竞争

随着人工智能技术的发展，人工智能系统的认知和行动能力正在变强，机器获得了更大的自主权和决策权，人与机器之间的边界不断模糊。有观点预测，未来人工智能背景下的人机共生关系不会朝着单一的趋于互惠互利的状态发展，而是合作与竞争的双重关系。

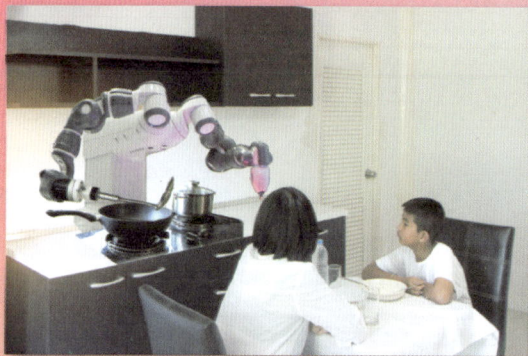

▲ 炒菜机器人和人类交流

三种模式

人工智能与人类之间这种合作与竞争的关系不是绝对的利于某一方或有损于某一方，有学者受共生理论的启发，将这种合作与竞争的关系所能带来的生存模式分为三类：偏利共生、偏害共生和互利共生。

46

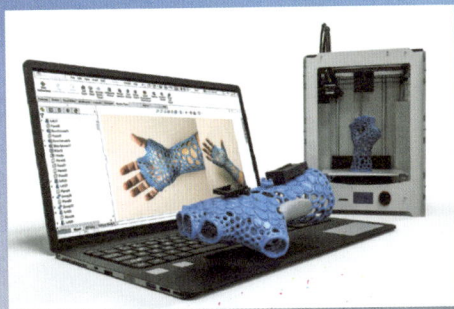
▲智能 3D 打印出的手套

▲智能语音助手给人们的生活增添了乐趣

如何理解三种模式

偏利共生模式中的"偏利"指的是人或机器中的一方获得了正向发展和提升，既包括偏利于人的一面，也包括偏利于机器的一面。偏害共生模式中的"偏害"指损害和抑制人或机器其中一方的发展和提升。互利共生模式中的"互利"指的是人和机器都得到了发展和提升，旨在利用人类智能和机器智能的互补优势，以协同完成任务。

▼机器可以帮助人类完成繁琐、危险或重复性的任务

ChatGPT

2022 年 11 月，OpenAI 推出了聊天儿机器人 ChatGPT，随后在全球掀起人工智能热潮。在此之后，谷歌也发布了一款名为 Bard 的聊天儿机器人，但由于发布得晚，没能抢过 ChatGPT 的风头。那么几乎一时间火遍全网的 ChatGPT 是个怎样神奇的聊天机器人呢？

▲ OpenAI 首席执行官山姆·奥尔特曼

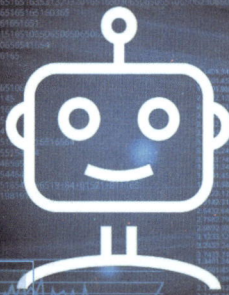

你知道吗？
ChatGPT 的关键性技术 RLHF 采用的学习方式是哪一种？
A. 监督学习　B. 深度学习
C. 强化学习　D. 无监督学习
答案：C。

庞大的语言模型

2020 年中，人工智能公司 OpenAI 发布了第三代语言预测模型 GPT-3。它由大约 1750 亿个"参数"组成，这些"参数"是机器用来处理语言的变量和数据点。2023 年 3 月，GPT-4 也已经发布。

▲ ChatGPT 被誉为开启了人工智能热潮

会像人类那样聊天

ChatGPT 是一款人工智能技术驱动的自然语言处理工具，它能够基于在预训练阶段所见的模式和统计规律，来生成回答，还能根据聊天的上下文进行互动，像人类一样来聊天交流，甚至能完成撰写邮件、视频脚本、文案、翻译稿、代码、论文等任务。

▲ ChatGPT 聊天界面

一项关键性技术

ChatGPT 具有一项关键性技术——RLHF（基于人类反馈的强化学习）。这项技术解决了生成模型的一个核心问题，即如何让人工智能模型的产出和人类的常识、认知、需求、价值观保持一致。

据报道，OpenAI 开发的 GPT-4可能包含多达 100 万亿个参数，这几乎与人脑突触的数量一样多，这大大增强了 GPT-4 与人类对话交流时的真实感。

元宇宙

　　元宇宙是人类运用数字技术构建的，由现实世界映射或超越现实世界，可与现实世界交互的虚拟世界。2018 年，美国科幻冒险片《头号玩家》中的虚拟世界"绿洲"就是"元宇宙"。

概念的起源

　　元宇宙概念最早出现在美国作家尼尔·斯蒂芬森 1992 年出版的科幻小说《雪崩》中。这部小说描绘了一个平行于现实世界的虚拟数字世界 metaverse，也翻译为"元界"。现实世界中的人在"元界"中都有一个虚拟分身，人们通过控制这个虚拟分身来相互竞争以提高自己的地位。

▶在元宇宙里，用户可以戴上虚拟现实头盔，彷佛置身于一个全新的三维世界中。

▲元宇宙不仅仅可以提供个人体验，更是一个可以与其他人互动和社交的地方。

高科技结合运用的结果

　　作为一个虚拟世界，元宇宙就像互联网一样，重点在于实现沉浸式体验。它的诞生是虚拟现实、人工智能、区块链、大数据、5G 通信、可穿戴设备等底层技术应用日渐成熟的结果，这些技术的相互结合与应用为打造元宇宙创造了条件。

人工智能是关键

　　人工智能被认为是打造元宇宙的关键。人工智能可以帮助人们建立在线环境，让人们在元宇宙中体会宾至如归的感觉，培养他们的创作冲动。通过元宇宙的构建，真实世界的信息将得到虚拟世界的极大补充，人类与虚拟世界的互动方式将得到全新提升。

惊人的事实

　　早在 1990 年，我国"两弹一星"功勋科学家钱学森就曾提到元宇宙的译名问题，并提出将元宇宙译为"灵境"的建议。

▲虚拟课堂上，学生戴着 VR 眼镜与 3D 分子互动。

▲科学家戴着 VR 眼镜，通过手势研究细菌基因组。

低代码 / 无代码人工智能工具

作为程序员的一项重要工作，编程是一项复杂而且费脑子的工作。传统的软件开发需要编写数千行甚至数百万行的代码，然后还要对其进行调试。以前，如果非专业人士想要自己编写一个应用程序，需要程序员出马才能搞定，但现在有了低代码 / 无代码人工智能工具，情况就不一样了。

▲开发低代码的应用程序

▲宜搭是阿里巴巴集团在 2019 年 3 月公测的面向业务开发者的零代码业务应用搭建平台

▲爱速搭是百度智能云推出的低代码开发平台

降低编程的技术门槛

低代码 / 无代码人工智能工具主要指允许任何人无需动手编写技术代码就能创建人工智能应用程序的工具。对很多不具备编写代码所需的技术技能，或者没有时间学习编写代码的人群来说，编程的技术门槛大大降低了。

▲视频会议通常由业务人员利用低代码平台进行快速开发

优势特点显著

低代码／无代码人工智能工具简化了软件开发生命周期中的许多阶段（如调试、测试和部署），节约了大量的时间，开发速度是传统开发的 3 到 5 倍。另外，通过可视化的交互方式，低代码／无代码人工智能工具还能以更直观、视觉化的方式向用户提供图像、文本、音频、视频、表格数据等多个技术方向的模型定制服务。

两种互动方式

低代码／无代码人工智能工具与人的互动方式有两种：一种是通过拖放界面，用户只需选择想要包含在应用中的元素，再使用可视化界面将其组合在一起，这种多见于低代码人工智能工具；还有一种是通过向导，用户回答问题并从下拉菜单中选择选项，再进行组合，多见于无代码人工智能工具。

你知道吗？

以下哪一项是低代码／无代码人工智能工具的交互方式特点？
A. 可视化　　B. 文本化
C. 图像化　　D. 表格化

答案：A

谷歌"大脑"

　　谷歌"大脑"是 Google X 实验室的一个主要研究项目，是谷歌在人工智能领域开发出的一款模拟人脑的软件，具备自我学习功能。从最开始的一个研究项目到后来成为谷歌人工智能领域的重要部门，再到如今与谷歌另一部门 DeepMind 的合并，谷歌"大脑"始终坚定不移地探索人工智能的未知领域。

▲位于美国加州的谷歌公司新总部

谷歌受益匪浅

　　受益于谷歌"大脑"的帮助，用户能够拥有完美的使用体验。在谷歌"大脑"加持下，谷歌的软件产品不仅能够更准确地进行语音识别、图像搜索，其旗下的无人驾驶汽车、谷歌眼镜等产品用户体验也有了很大提升。

2012 年的"认猫"事件

　　2012 年，谷歌"大脑"团队成员 Jeff Dean 和吴恩达等通过深度学习技术，让 16000 台电脑学习 1000 万张图片后，成功在 YouTube 视频中"认出"了猫，谷歌"大脑"也因此一炮而红。有人说，人类第一次发现猫或许没有记录，但这次的"认猫"事件创造了机器首次"发现"猫的记录。

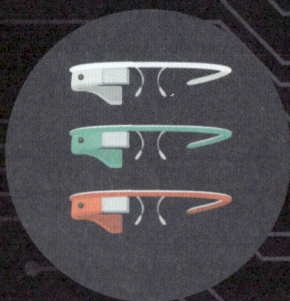

◄谷歌眼镜

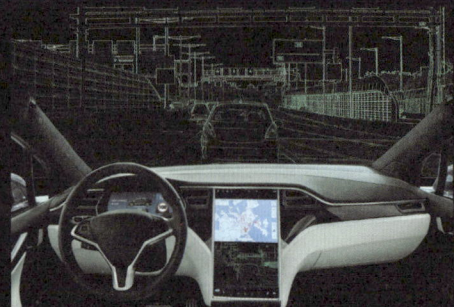

▲无人驾驶汽车的智能视觉系统

▲手机扫描人脸进行身份识别

研究范围涉及 20 个领域

　　谷歌"大脑"成员的研究范围涉及包括算法和理论、机器智能、人机交互与可视化、机器感知、语音处理等 20 个领域，不同的成员涉猎的研究范围也不一样。在这些研究领域中，机器智能所占比重最大。

▲谷歌"大脑"能识别人们讲话的内容

▲能直接定位大街上的某一个地方

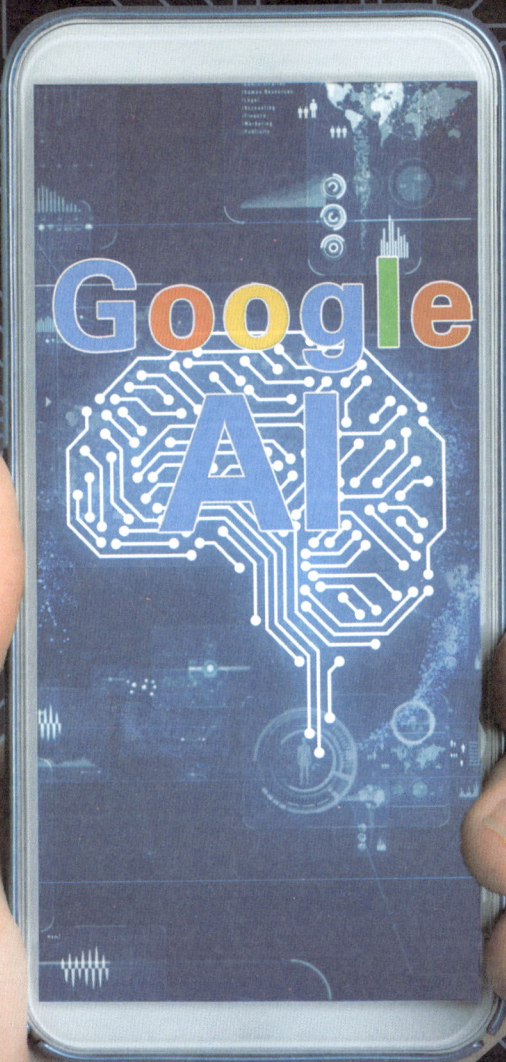

惊人的事实

　　2023 年 4 月，谷歌母公司 Alphabet 表示合并旗下两个主要的人工智能研究部门——Google Brain（谷歌"大脑"）和 DeepMind。

AIoT

"AIoT"即"AI+IoT"，指的是人工智能技术与物联网在实际应用中的落地融合。早在 2017 年，"AIoT"一词就开始热议不断。随着物联网技术的发展，现在我们的工作生活中智能家居、自动驾驶、智慧医疗、智慧办公等场景正变得越来越多。只要与人发生联系的场景都会涉及人机交互的需求，这正是人工智能的用武之地。

▲远程医疗

两种技术的融合

AIoT 融合 AI 技术和 IoT 技术，通过物联网产生、收集来自不同维度的海量数据，并存储于云端，然后通过大数据分析，以及更高形式的人工智能，实现万物数据化、万物智联化。

人机交互

人机交互是指人与计算机之间使用某种对话语言，以一定的交流操作方式，为完成确定任务而进行的信息交互过程。小到电灯开关，大到飞机上的仪表板或是发电厂的控制室等，都属于人机交互的范围。

AIoT 的发展路径

▲ 智能零售

有说法认为，未来 AIoT 的发展路径将经历单机智能、互联智能到主动智能的三大阶段。单机智能指的是智能设备等待用户发起交互需求，而这个过程中设备与设备之间不发生相互联系，这也是目前 AIoT 行业所处的发展阶段。互联智能场景指的是一个互联互通的产品矩阵，即"一个大脑（云或者中控），多个终端（感知器）"的模式。主动智能指的是智能系统根据用户行为偏好、用户画像、环境等各类信息，通过自主学习、自适应、自提高能力，主动提供适用于用户的服务，而无需等待用户提出需求的模式。

你知道吗？

以下哪一种是当前 AIoT 所处的发展阶段？

A. 单机智能   B. 互联智能

C. 主动智能   D. 万物智联

答案：A